BEI GRIN MACHT SICH IHR WISSEN BEZAHLT

Skander Kacem, Josua Schmid

MPEG-Videokodierung. Theoretischer Hintergrund. Durchführung und Evaluierung

Multimedia Signalverarbeitung

GRIN Verlag

Bibliografische Information der Deutschen Nationalbibliothek:

Die Deutsche Bibliothek verzeichnet diese Publikation in der Deutschen National-
bibliografie; detaillierte bibliografische Daten sind im Internet über http://dnb.d-
nb.de/ abrufbar.

Impressum:

Copyright © 2008 GRIN Verlag GmbH
Druck und Bindung: Books on Demand GmbH, Norderstedt Germany
ISBN: 978-3-656-45927-9

Dieses Buch bei GRIN:

http://www.grin.com/de/e-book/229969/mpeg-videokodierung-theoretischer-hin-
tergrund-durchfuehrung-und-evaluierung

GRIN - Your knowledge has value

Der GRIN Verlag publiziert seit 1998 wissenschaftliche Arbeiten von Studenten, Hochschullehrern und anderen Akademikern als eBook und gedrucktes Buch. Die Verlagswebsite www.grin.com ist die ideale Plattform zur Veröffentlichung von Hausarbeiten, Abschlussarbeiten, wissenschaftlichen Aufsätzen, Dissertationen und Fachbüchern.

Besuchen Sie uns im Internet:

http://www.grin.com/

http://www.facebook.com/grincom

http://www.twitter.com/grin_com

Protokoll
MPEG-Videokodierung

Multimedialabor

7. August 2008

Skander Kacem
Josua Schmid

Inhaltsverzeichnis

Abbildungsverzeichnis

1 Einleitung

1.1 Motivation

Wie bei zahlreichen Computeranwendungen ist auch bei der Übertragung von Videosequenzen der Speicherplatzbedarf sowie die zur Übertragung benötigte Bandbreite ein sehr wichtiger Faktor. Ein weitverbreiteter Standard, der heutzutage in zahlreichen Bereichen von Realtime und Nonrealtime Anwedungen verwendet wird, ist der MPEG Standard. Die Abkürzung MPEG steht für "Moving Picture Experts Group", welches die Bezeichnung des für die Entwicklung verantwortlichen Komitees ist. Dieser Standard findet heute Anwendung bei DVD's, beim digitalen Fernsehen DVB-t/c/s und bei zahlreichen Internetvideos.

1.2 Aufgabenstellung

Im aktuellen Laborversuch analysieren wir anhand des Prinzips der MPEG Videokodierung das allgemeine Konzept der DPCM (differential pulse code modulation). Nach einer theoretischen Betrachtung werden wir anschließend beispielhaft einen Codec in Matlab(r) implementieren, in dem die Prinzipien der Bewegungsprädiktion und DPCM angewendet und verdeutlicht werden. Weiterhin werden wir Faktoren in der Prädiktion verändern, um später eine Aussage über die Relevanz dieser zu machen zu können.

1.3 Vorbetrachtung

Die Evaluation erfolgt, wie oben beschrieben, durch Implementierung verschiedener Algorithmen in Matlab(r). Allerdings liegt hierbei der Fokus auf der prinzipiellen Vorgehensweise und nicht auf der Geschwindigkeit des Verfahrens.
Da es mehrere Parallelen zwischen diesem und dem vorherigen Laborversuch gibt, werden wir an einigen Stellen auf eine ausführliche Erläuterung verzichten und statt dessen auf Teile des vorherigen Laborprotokolls verweisen.
Weiterhin werden wir im Rahmen des Labors nur die Videokodierung untersuchen. Da sich die Bewegungsprädiktion sehr gut anhand Graustufenvideos analysieren lässt werden wir auf die Audio- und Farbverarbeitung nicht weiter eingehen.

2 Theoretischer Hintergrund

2.1 DPCM

Die einfachste Form einer DPCM ist die schlichte Kodierung der Differenz zweier zeitlich aufeinanderfolgender Werte. Ein einfaches Beispiel sähe wie folgt aus:

Die folgenden Werte sollen übertragen werden: 50, 53, 58, 52, 48, 45, 47.
Als PCM würden sie unverändert übertragen: 50, 53, 58, 52, 48, 45, 47.
Als DPCM würden nur die Differenzen der aufeineanderfolgenden Werte übertragen: 50, 3, 5, 6, 4, 3, 2.

Wie man im obigen Beispiel erkennen kann ergeben sich als Differenzen kleinere Werte im Vergleich zu einer PCM Übertragung. Dadurch wird die Verwendung geringerer Speicherwortbreiten ermöglicht und damit ein Speicherplatzgewinn erzielt.

Diese Art der Kodierung lohnt sich allerdings nur dann, wenn die aufeinanderfolgenden Werte korreliert sind und die Prädiktionswerte den echten Werten ähneln, was einen gut an das Problem angepaßten Prädiktor voraussetzt.

Im obigen Beispiel wurden die Werte dementsprechend gewählt. Wenn aber kein Zusammenhang zwischen aufeinanderfolgenden Werten besteht, bekommt man durch die DPCM keinen oder einen sehr geringen Gewinn. Im Worst Case ist die DPCM - Übertragung sogar größer als die reine PCM.

Bei näherer Betrachtung einer Videosequenz kann man häufig feststellen, dass sich nur kleine Teile des Bildes verändern. Zwei aufeinanderfolgende Bilder sind also stark miteinander korreliert; die Differenz ist sehr viel kleiner als das gesamte Bild.

Abbildung 1: Beispiel von zwei aufeinanderfolgenden Bildern.

Ein Beispiel ist der Abbildung 1 gezeigt: Die Person im Vordergrund bleibt die ganze Sequenz über an etwa derselben Stelle, auch der Hintergrund verändert sich kaum. Die einzige Bewegung wird durch den Boxhandschuh ausgeführt, es handelt sich dabei um eine Translation. Um nun den neuen Frame darzustellen, könnte man die Differenz zwischen dem ersten und dem aktuellen Frame bilden und übertragen bzw. abgespeichern.

2.2 Funktionsweise von MPEG - Video

Bei MPEG-Video handelt es sich um eine hybride Videokodierung, die sich in zwei verschiedene Bereiche einteilen lässt (siehe Abbildung 2): Die räumliche Kodierung (Intraframekodierung), die der beim JPEG verwendeten sehr ähnelt und die zeitliche Kodierung (Interframekodierung) welche die Korrelation zweier aufeinanderfolgenden Frames ausnutzt.

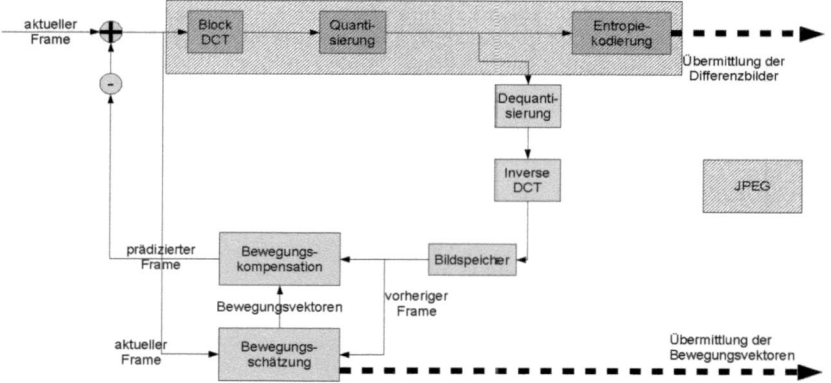

Abbildung 2: Aufbau des MPEG Kodierers

Neben den hier beschriebenen und untersuchten Methoden zur Datenreduktion sollen noch folgende kurz erwähnt werden:

- **Video Interlacing:** Das Videobild wird in Halbbilder (Zeilen mit gerader und ungerader Anzahl) unterteilt. Diese werden abwechselnd dargestellt, durch die Trägheit des Auges entsteht das Gesamtbild des Videos. Die Einsparung beträgt hier 50 %. Der Modus, der Vollbilder überträgt, wird *Progressive Video* genannt.

- **Reduzierung der Chrominanzinformation:** Da das menschliche Auge Helligkeitsunterschiede besser als Farbunterschiede wahrnehmen kann, wird die Auflösung der Farbinformation reduziert (oft halbiert).

6

2.2.1 Interframekodierung

Die Interframekodierung ist auf dem Prädiktionsprinzip bzw. Bewegungsschätzungsprinzip basiert. Da diese Prädiktion selbstverständlich Abweichungen mit dem echten Bild mit sich bringt, wird noch die Differenz zwischen prädizierten und eigentlichen Frame gebildet und übertragen bzw. abgespeichert (eigentliche DPCM).
Es gibt zwei Arten von Interframekodierung:

- **Die Predicted Frames** (P-Frame). Sie können vorangegange I-Frames (siehe folgender Abschnitt) und andere P-Frames zur Bewegungsschätzung nutzen und können zudem als Referenz für eine weitere Bewegungsvorhersage genutzt werden (Abbildung 3). Es findet allerdings eine reine Vorwärtsbewegungsschätzung statt. Ein Bild wird durch Bewegungsvektoren und Differenzbilder repräsentiert. Da hier sowohl räumliche, wie zeitliche redundante Informationen berücksichtigt werden, bieten P-Frames eine höhere Kompressionsrate als I-Frames. Es kann aber passieren, daß Artefakte, die durch eine falsche Bewegungsschätzung entstanden sind, weiter vererbt werden.

Abbildung 3: Kodierung der P-Frames

- **Die Bidirectional-Frames** (B-Frame). Sie werden aus vergangenen und folgenden I- und P-Frames gebildet (Abbildung 4). Jeder Block in einem B-Frames kann vorwärts, rückwärts und bidirektional geschätzt werden. Diese Art der Framekodierung bietet die höchste Kompressionsrate, erfordert aber einen hohen Rechenaufwand.

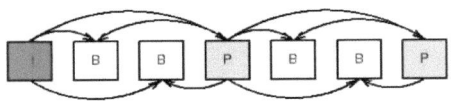

Abbildung 4: Kodierung der B-Frames

Die Gruppierung der verschiedenen Frames heißt Group of Pictures GOP und ist Beispielsweise in dieser Art verteilt: IBBBPBBBI. Eine GOP endet mit dem sukzessiven I-Frame. Wir untersuchen in diesem Protokoll ausschließlich die Bildung der P- Frames.

7

2.2.2 Intraframekodierung

Die räumliche Kodierung kommt bei den I - Frames und den Differenzbildern zum Tragen. Diese Art der Kodierung war Thema unseres vorhergehenden Laborversuchs und wurde dort ausgiebig untersucht [5]. Aus diesem Grund werden wir an dieser Stelle nur noch einmal die grundlegenden Verarbeitungsschritte wiedergegeben.

- Farbraumumrechnung von RGB nach YCbCr
- Unterabtastung der tiefpassgefilterten Farbdifferenzsignale
- Diskrete Kosinustransformation
- Quantisierung der Transformationskoeffizienten
- ZickZack Umsortierung
- Differential PCM
- Lauflängen-Kodierung
- Entropie-Kodierung

Der interessierte Leser findet weiterführende Informationen dazu z.B. in [6].

2.3 Bewegungsschätzung

Im Rahmen dieses Laborversuchs beschränken wir uns auf das Blockmatching - Verfahren, dessen Grundprinzip in einem Vergleich zweier aufeinanderfolgenden Frames liegt. Dieser Vergleich erfolgt je nach angewendeter Methode blockweise (z.b. Three Step Search) oder pixelweise (z.B. Fullsearch).

2.3.1 Vergleichskriterien

Als Vergleichskriterium wird der Luminanzwert des Blocks / Pixels herangezogen und damit die Verschiebung der Position des einzelnen Blocks im Vergleich zum vorhergehenden Frame geschätzt (siehe Bild 5). Es können nur lineare Bewegungen erkannt werden. Das hier beschriebene Verfahren versagt also bei Transformationen wie Rotationen, Skalierungen, Helligkeitsänderung, Störungen usw.

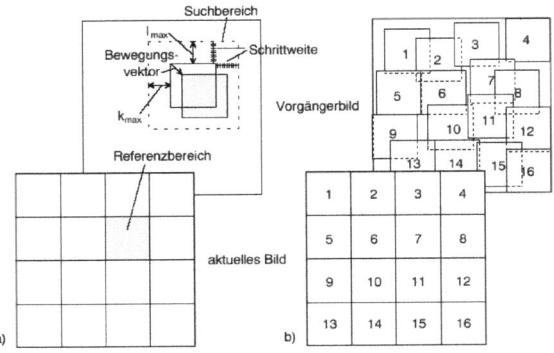

Abbildung 5: Blockmatching Prinzip zur Bewegungschätzung

Für den Vergleich wird ein Änlichkeitskriterium benötigt. Dafür stehen verschiedene Möglichkeiten zur Auswahl: Diese sind

- die Summe der absoluten Differenzen SAD (1),

- die mittlere absolute Differenz MAD (2),

- die Summe der quadratischen Differenzen SSD (3),

- die Summe der mittlere quadratische Fehler MSE (4),

- die Kreuzkorrelation und die Kreuzkovarianz.

9

Alle diese Kriterien werden dazu verwendet, das globale Minimum und damit die gerings-te Abweichung zwischen zwei Blöcken aufeinander folgenden Frames zu finden. Dabei wird womöglich aber auch ein lokales anstatt dem globalen Minimum gefunden. Da der Full Search Algorhitmus das gesamte Frame absucht besteht hier diese Gefahr nicht, jedoch ist dies sehr rechenaufwendig.

$$SAD(u,v) = \sum_{j=0}^{B-1} \sum_{i=0}^{B-17} |x_t(i,j) - x_{t-1}(i+u, j+v)| \tag{1}$$

$$MAD(u,v) = \frac{1}{B.B} \sum_{j=0}^{B-1} \sum_{i=0}^{B-17} |x_t(i,j) - x_{t-1}(i+u, j+v)| \tag{2}$$

$$SSD(u,v) = \sum_{j=0}^{B-1} \sum_{i=0}^{B-17} \left(x_t(i,j) - x_{t-1}(i+u, j+v) \right)^2 \tag{3}$$

$$MSE(u,v) = \frac{1}{B.B} \sum_{i=0}^{B-17} \left(x_t(i,j) - x_{t-1}(i+u, j+v) \right)^2 \tag{4}$$

, wobei die Variable B die Blockgröße darstellt, die Größe x_t den aktuellen Block aus dem aktuellen Frame und x_{t-1} den Block aus dem Suchbereich des vorherigen Frames repräsentiert.

Nun bleibt die Frage nach dem Ablauf des Suchsverfahrens. Verschiedene Verfahren wurden entwickelt, die sich in Aufwand und Effizienz unterscheiden. Die besten und die weitverbreitenden sind diejenigen, die einen Kompromiß zwischen diesem beiden Krite-rien finden.

Zwei dieser Verfahren haben wir zur Versuchsdurchführung implementiert und vergli-chen, wir werden hier aber noch weitere erläutern.

2.4 Suchverfahren

2.4.1 Full Search

In diesem Verfaheren wird ein pixelweiser Vergleich des aktuellen und des folgenden Frames durchgeführt. Die Suche nach der geringsten Abweichung läuft hierbei über das gesamte Frame, weshalb mit Sicherheit das globale Minimum gefunden wird. Diese Suchmethode erzielt die besten Ergebnisse (siehe 3.5) und ist auch sehr einfach zu implementieren, dafür aber sehr rechenaufwendig.

2.4.2 Three Step Search

Der Ablauf dieses von Koga et al entwickelten Suchverfahrens ist in Abbildung 6 dargestellt:
Der erste Schritt besteht aus einem Vergleich des zu bestimmenden Blocks in neun Phasen. Dabei wird der aktuelle Block um die Blockgröße (meist 16 * 16 Pixel) in jede Kombination aus negativer und positiver horizontaler und vertikaler Richtung verschoben. Der neunte Vergleich erfolgt mit der selben Stelle, an der er auch borher war, also ohne Verschiebung. Zu jedem dieser neun Vergleiche wird ein Wert der Abweichung ermittelt (siehe 2.3.1). Am Ende des ersten Schrittes wird die Verschiebung bestimmt, die zur geringsten Abweichung führte. Diese Verschiebung dient als Ausgangspunkt für den zweiten Schritt.
Schritt zwei entspricht dem ersten, wobei dieser nun den Ausgangspunkt aus Schritt eins für die Suche benutzt und die Verschiebungsweite halbiert wird, nun also einer halben Blockgröße entspricht. Dasselbe gilt für Schritt drei, wobei wieder der in Schritt zwei ermittelte Ausgangspunkt gewählt und die Schrittweite nochmals halbiert wird.
Mit diesem Verfahren ist es also möglich Verschiebungen bis auf eine viertels Blockgröße genau zu bestimmen, wobei die maximale auffindbare Verschiebung 1,75 * der Kantenlänge eines Blocks entspricht. Der Nachteil solcher Verfahren ist, dass die Suche in ein lokales Minimum laufen kann und dadurch ein "fehlerhafter"Bewegungsvektor gefunden wird. Vorteilhaft dagegen ist die für diese Suche aufzuwendende geringe Rechenzeit. Leichte Abänderungen dieses Algorhitmus führten zum Four Step Search oder zum New Three Step Seach, bei dem der initiale Ausgangspunkt der Suche günstiger gewählt wird.

2.4.3 Two Dimensional Logarithmic Search

Dieses Verfahren wurde von Jan und Jan entwickelt. Die Funktionsweise der logarithmischen Suche verläuft so, dass zuerst eine Startschrittweite definiert wird. Dann werden die horizontalen und vertikalen Blöcke im Abstand der Startschrittweite verglichen. Beim

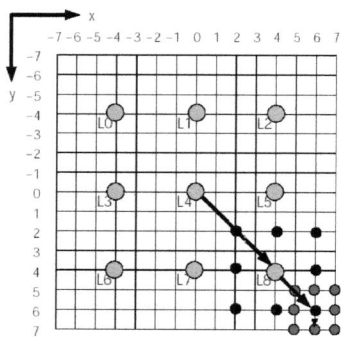

Abbildung 6: Three Step Search Verfahren

Block mit der geringsten Abweichung beginnt die nächste Suche, solange bis die Abweichung zwischen den verglichenen Blöcken minimal wird. Nun wird die Suchschrittweite verringert und es erfolgt eine weitere Suche nach dem beschriebenen Schema. Ist die Suchschrittweite gleich 1, so werden alle acht umliegende Punkte um den aktuellen Referenzsuchpunkt verglichen. Der Punkt mit der geringsten Abweichung ist der Endpunkt des Bewegungsvektors. Siehe Abbildung 7

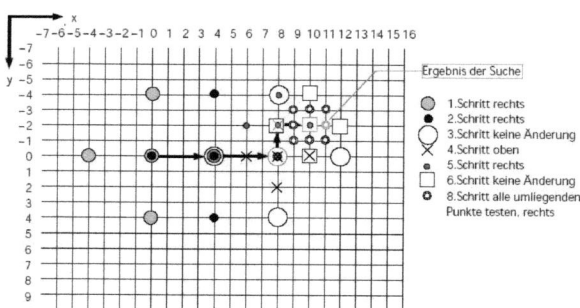

Abbildung 7: 2D Logarithmic Search Verfahren

12

2.4.4 Binary search

Die Suche des Bewegungsvektors erfolgt hierbei in zwei Schritten. Zuerst wird der Suchbereich in neun Regionen eingeteilt. Danach wird der Referenzblock mit den repräsentativen Blöcken der neun Regionen mittels eines Ähnlichkeitskriteriums verglichen, z.B. SAD. In der Region, in der die geringste SAD gefunden wurde, folgt im zweiten Schritt eine Vollsuche, (siehe Abbildung 8)

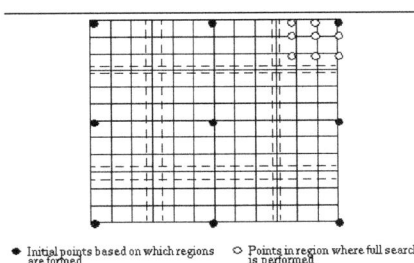

◆ Initial points based on which regions are formed   ○ Points in region where full search is performed

Abbildung 8: Binary Search Verfahren

2.4.5 Spiral Search

Die Spiralsuche wurde von Zahariadis und Kalivas im Jahr 1995 entwickelt, sie kombiniert die Prinzipien von Three Step Search und Binary Search. Der Suchalgorithmus geht vom Mittelpunkt des Suchbereiches aus und läuft diesen spiralförmig ab, wie es in der Abbildung 9 zu sehen ist. Mit jeder Umkreisung des Ausgangspunktes wird der Radius um den Abstand von einem Pixel erweitert. Im schlechtesten Fall ist diese Spiralsuche ebenfalls eine klassische Vollsuche.

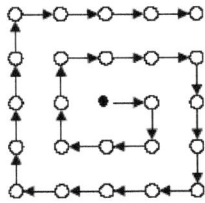

Abbildung 9: Spiral Search Verfahren

3 Durchführung und Evaluierung

In der Versuchsdurchführung haben wir einen einfachen Algorithmus basierend auf dem Three Step Search Verfahren implementiert, der sich an der in MPEG verwendeten Bewegungsschätzung orientiert. Anschließend haben wir die Effizienz bzw. den Aufwand und die PSNR analysiert. Weiterhin wurde die Auswirkung der Variation der Blockgröße betrachtet. Zuletzt wurde noch ein Vergleich zwischen MJPEG (motion JPEG: Sequenz als JPEG Bilder) und MPEG (zur Dekodierung benötigten Daten: Fehlerbilder und Bewegungsvektoren) durchgeführt.
Für diesen Zweck wurde der Algorithmus von Anfang an modular und flexibel aufgebaut, um verschiedene Parameter schnell und ohne größeren Aufwand modifizieren zu können.
Der Fokus unserer Untersuchungen lag, wie schon erwähnt, auf dem Verständnis und der Nachbildung der Bewegungsprädiktion von MPEG Video. Keine weitere Beachtung haben wir dem Audioteil von MPEG sowie der Chrominanzinformation des Videos geschenkt.

3.1 Encoder und Decoder

Während der Berechnung der Bewegungsvektoren und Differenzbilder wird vom Endcoder zur sofortigen Kontrolle der Ergebnisse der vorhergehende Frame, der folgende Frame, das Differenzbild und das prädizierte Bild angezeigt (Abbildung 10). Somit bekommt der Betrachter einen sofortigen subjektiven Eindruck der Qualität der Ergebnisse.

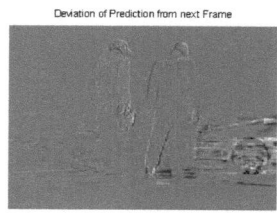

Abbildung 10: Visualisierung der Encodierung

14

Ebenso stellt auch der Decoder die berechneten Ergebnisse sofort dar (Bild 11).

Abbildung 11: Visualisierung der Decodierung

3.2 PSNR und Dateigrößenvergleich

Das primäre Ziel beim Enkodieren eines Videostreams ist selbstverständlich die Reduzierung der Datenrate bzw. der Speichergröße. Ein Größenvergleich zwischen den einzelnen Frames abgespeichert als JPEG (sogenanntes Motion JPEG) und den Differenzbildern sowie den Bewegungsvektoren 13 stellt deutlich den Gewinn des MPEG Prinzips heraus.

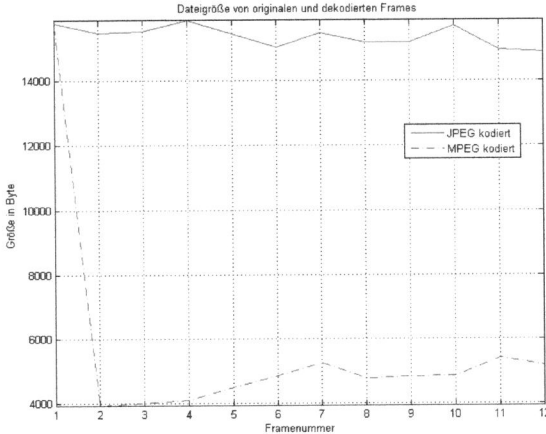

Abbildung 12: PSNR: Fehlerfunktionen im Vergleich

15

Einem Gewinn an der einen Seite stehen wie so oft Abstriche an einer anderen Stelle entgegen, hier in Form von Bild- bzw. Videobildqualität.

Dies wird durch die Abbildung 13 verdeutlicht: Mit jedem weiteren Frame, welches aus Bewegungsbvektoren und Differenzbild zusammengesetzt wird, akkummulieren sich die Fehler. Dadurch sinkt der PSNR deutlich ab; noch sehr viel deutlicher ist der subjektive Verfall der Bildqualität.

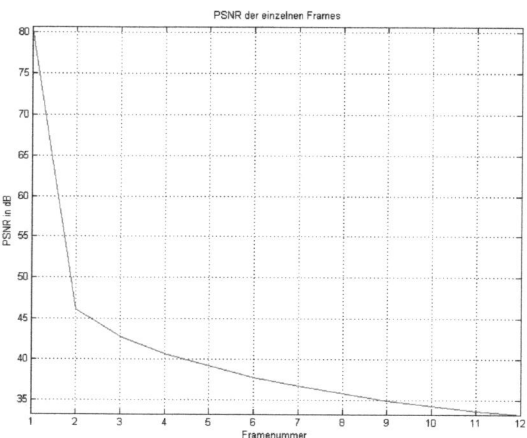

Abbildung 13: PSNR: Fehlerfunktionen im Vergleich

Hier findet man gleichzeitig die die Erklärung dafür, dass nach einer bestimmten Anzahl von prädizierten Frames ein komplettes, das sogennante I - Frame übertragen werden muss. Würde man dies nicht machen, so würden sich die Fehler immer weiter fortpflanzen und sich die Bildqualität dramatisch von Frame zu Frame verschlechtern! (zu erkennen in 11)

Genauso sind I-Frames bei Szenenwechseln unverzichtbar, da die Korrelation zwischen dem letzten und dem folgenden Bild, dem der neuen Szene, gegen Null geht. Aus diesem Grunde sind in modernen Videoencodern sogennante automatische Szenendetektoren implementiert.

3.3 Vergleich verschiedener Fehlerfunktionen

Um den am besten passenden Block aus dem zurückliegenden Frame zur Prädiktion des nächsten zu bestimmen wird bei der Suche ein Vergleichskriterium benötigt. In diesem Versuch haben wir die vorhin vorgestellten vier verschiedenen Fehlerfunktionen implementiert und diese anschließend miteinander verglichen: Summe der absoluten Differenzen (SAD [1]), Summe der mittleren Differenzen (MAD [2]), Mean Square Error Function (MSE [4]) und Summe der quadratischen Differenzen (SSD [3]).

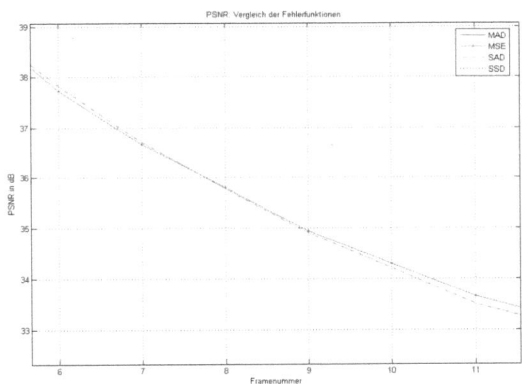

Abbildung 14: PSNR: Fehlerfunktionen im Vergleich

Die von uns im Experiment festgestellten Unterschiede zwischen den verschiedenen Fehlerfunktionen fallen minimal aus, wie man in Abbildung 14 erkennen kann. Die maximale Differenz liegt unter einem dB. Während bei den ersten Frames MSE und SSD noch schlechtere Ergebnisse geben gibt es ab Framenummer 8 einen Wechsel: MSE und SSD liegen nun über SAD und MAD.

3.4 Variation der Blockgröße

Im MPEG Standard häufig verwendet ist die Blockgröße von 16 ∗ 16 Pixeln. In unserem Versuch wollten wir die Auswirkungen feststellen, die durch die Variation dieses Parameters

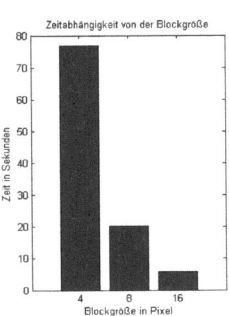

Abbildung 15: Berechnungsdauer für verschiedene Blockgrößen

17

entstehen. Dazu wichen wir ab vom Standard und verwendeten Blockgrößen von $4 * 4$, $8 * 8$ und den bekannten $16 * 16$ Pixeln.

Die erste sehr auffällige Feststellung war der Unterschied in der zur Berechnung notwendigen Zeit: Diese erhöhte sich, wie in Abbildung 15 zu erkennen ist exponentiell mit Halbierung der Blockgröße.

Dies ist relativ einsichtig, da bei einer Blockgröße von $4*4$ Pixeln sechszehn mal öfter eine Vergleichsberechnung durchgeführt werden muss verglichen zur $16*16$ Pixel Blockgröße.

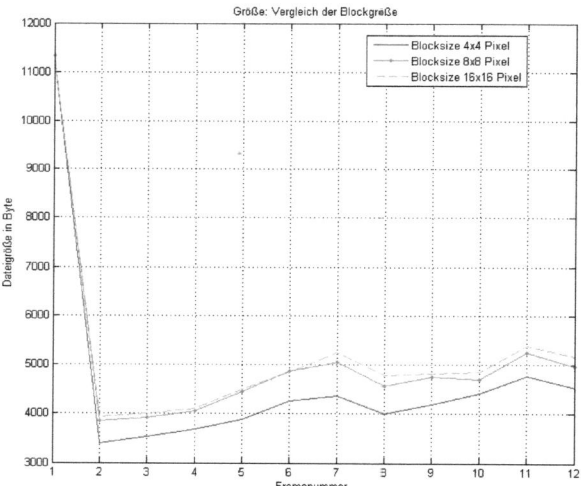

Abbildung 16: Dateigröße: Verschiedene Blockgrößen im Vergleich

Auch die Größe der zu übermittelnden Bewegungsvektoren steigt bei Halbierung der Blockgröße um das Vierfache. Dieser Effekt wird wiederum dadurch kompensiert, dass geringere Fehler bei der Prädiktion entstehen und somit die Größe der Differenzbilder sinkt(siehe Abbildung 16).

Der eindeutige Vorteil bei Veringerung der Abmessung eines Blockes ist der Gewinn an Bildqualität (siehe Abbildung 17).

Es muss abhängig von den Anforderungen entschieden werden, ob man die geringe Zunahme an Bildqualität mit der stark erhöhten Verarbeitungsdauer bezahlen möchte oder

18

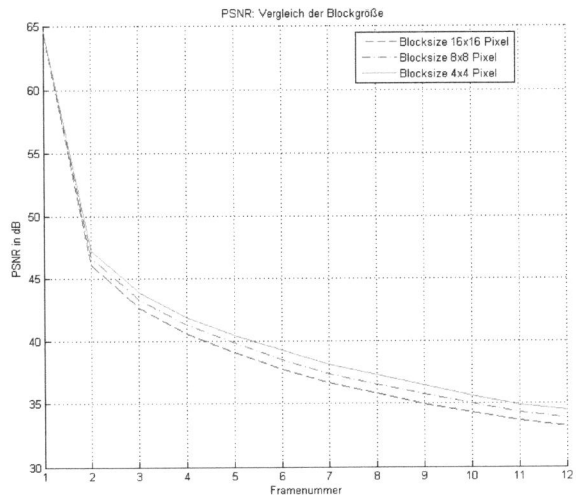

Abbildung 17: PSNR: Verschiedene Blockgrößen im Vergleich

nicht. Denkanstöße zur Bestimmung der Prioritäten könnten z.b. die begrenzte Energie-versorgung eines Mobilgerätes oder z.B. die Latenz bei einer Videokonferenz sein.

3.5 Full Search vs. Three Step Search

Zum Vergleich zwischen einer zeitlich effizienten zu einer (fast) optimalen Prädiktion haben wir auch den Full Search Algorhitmus implementiert, der pixelweise das gesamte Bild nach der geringsten Abweichung zum Vergleichsblock durchsucht bzw. das absolute Fehlerminimum im Bild findet.

Obwohl wir die Auflösung des Ausgangsmaterial nahezu halbierten dauerte die Berech-nung eines Frames mehrere Stunden (im Gegensatz zu wenigen Sekunden beim Three Step Search Blockmatching). Im Gegenzug ist die Prädiktion dafür recht gut und die Information des Fehlerbildes entsprechend gering (Abblidungfig:fullsearch).

original Frame

predicted Frame

error term

Abbildung 18: Fullsearch

A Quellcodes

Listing 1: MPEG Encoder Algorithmus

```matlab
1
2  % MPEG - Videokodierung, Motion - Estimation / - Compensation
3
4  clear;   % Free workspace and close all open figures
5  close;
6
7  emptyframe = zeros(240,320);
8
9  blocksize = 16;     % Definition of a blocksize affects search algorithm,
       has to be the same in de- and encoder
10 framecount = 12;     % Number of frames
11 jpegquality = 100;    % Quality setting for while processing the jpeg
       compression for the differential picture
12
13 for i = 1:framecount
14     frame(:,:,i) = double(imread(sprintf('.\\frames\\gs_frame%d.jpg',i
           +108)));
15 end
16
17 [r c] = size(frame(:,:,framecount));
18 blockx= c/blocksize;
19 blocky= r/blocksize;
20
21 % create stepvector
22
23 sv1 =([0 0 ; blocksize 0 ; blocksize -blocksize ; 0 -blocksize ; -
       blocksize -blocksize ; -blocksize 0 ; -blocksize blocksize ; 0
       blocksize ; blocksize blocksize]);
24 sv2 =([0 0 ; blocksize/2 0 ; blocksize/2 -blocksize/2 ; 0 -blocksize/2 ; -
       blocksize/2 -blocksize/2 ; -blocksize/2 0 ; -blocksize/2 blocksize/2 ;
       0 blocksize/2 ; blocksize/2 blocksize/2]);
25 sv3 =([0 0 ; blocksize/4 0 ; blocksize/4 -blocksize/4 ; 0 -blocksize/4 ; -
       blocksize/4 -blocksize/4 ; -blocksize/4 0 ; -blocksize/4 blocksize/4 ;
       0 blocksize/4 ; blocksize/4 blocksize/4]);
26
27 cpic = frameborder(zeros(r,c),blocksize*3.5);       % first frame is always
       empty to ensure that first error picture equals the complete first
       frame
28
29 movec = zeros(blockx*blocky,2);       % vector to store the displacement of
       the corresponding block
30
31 for frameno=1:framecount       % main loop, last frame is dropped here, not
       taken care of yet
32     npic = frame(:,:,frameno);       % subsequent frame
```

21

```
33   if ~(frameno == 1), cpic = frameborder((frame(:,:,frameno-1)),3.5*
         blocksize); end;
34   % step 1
35   row = 1;    % value of current row
36   col = 1;    % value of current colum
37   for i=1:(blockx*blocky)
38       for k=1:9    % step 1
39           step1error(k) = ssdiff(cpic(((((row*blocksize)-(blocksize-1))+
                 sv1(k,2)))+(3.5*blocksize):((((row*blocksize)-(blocksize
                 -1))+sv1(k,2))+blocksize-1)+(3.5*blocksize), ...
40               ((((col*blocksize)-(blocksize-1))+sv1(k,1))+(3.5*
                   blocksize):((((col*blocksize)-(blocksize-1))+sv1(k,1))
                   +blocksize-1)+(3.5*blocksize))), ...
41               npic((row*blocksize)-(blocksize-1):(row*blocksize),(col*
                   blocksize)-(blocksize-1):(col*blocksize)));
42       end
43       [NUL,movemin]=min(step1error);    % determination of the first
             coarse dislocation
44       movec(i,:) = sv1(movemin,:);
45
46       % step 2: the same as in step 1, but the search are is moved and
47       % decreased by factor 2. The first of the 9 steps is redundant,
             because
48       % it was carried out in step1 already
49
50       for k=1:9
51           step2error(k) = ssdiff(cpic((((rcw*blocksize)-(blocksize-1))+
                 sv2(k,2))+movec(i,2)+(3.5*blocksize): ...
52               ((((row*blocksize)-(blocksize-1))+sv2(k,2))+movec(i,2)+
                   blocksize-1)+(3.5*blocksize), ...
53               ((((col*blocksize)-(blocksize-1))+sv2(k,1))+movec(i,1)
                   +(3.5*blocksize): ...
54               ((((col*blocksize)-(blocksize-1))+sv2(k,1))+movec(i,1)+
                   blocksize-1)+(3.5*blocksize))), ...
55               npic((row*blocksize)-(blocksize-1):(row*blocksize),(col*
                   blocksize)-(blocksize-1):(col*blocksize)));
56       end
57
58       [NUL,movemin]=min(step2error);    % determination of the second less
             coarse dislocation
59       movec(i,:) = sv2(movemin,:) + movec(i,:);
60
61       % step 3: the same as in step 2, but the search are is moved and
62       % decreased by factor 2 again. Again, the first of the 9 steps is
63       % redundant, because it was carried out in step2 already
64
65       for k=1:9    % step 3
66           step3error(k) = ssdiff(cpic((((row*blocksize)-(blocksize-1))+
                 sv3(k,2))+movec(i,2)+(3.5*blccksize): ...
```

```matlab
67              ((((row*blocksize)-(blocksize-1))+sv3(k,2))+movec(i,2)+ ...
                   blocksize-1)+(3.5*blocksize), ...
68              ((((col*blocksize)-(blocksize-1))+sv3(k,1))+movec(i,1) ...
                   +(3.5*blocksize): ...
69              ((((col*blocksize)-(blocksize-1))+sv3(k,1))+movec(i,1)+ ...
                   blocksize-1)+(3.5*blocksize))), ...
70              npic((row*blocksize)-(blocksize-1):(row*blocksize),(col* ...
                   blocksize)-(blocksize-1):(col*blocksize)));
71         end
72         [NUL,movemin]=min(step3error);  % determination of the final
              dislocation
73         movec(i,:) = sv3(movemin,:) + movec(i,:);
74
75         % fprintf('col | row |  i\n');
76         % fprintf('  %d |   %d |  %d\n',col,row,i);
77         % fprintf('Koordinaten der Blockzelle oben links: x %d | y %d\n',(
              col*blocksize)-15,(row*blocksize)-15);
78
79         if (mod(i,blockx) == 0)
80             row = row + 1;
81             col = col - blockx;
82         end
83         col = col + 1;
84     end
85
86     % Prediction of next frame
87
88     ppic = zeros(r,c);
89
90     row = 1;     % value of current row
91     col = 1;     % value of current colum
92     for i=1:(blockx*blocky)
93
94         ppic((row*blocksize)-(blocksize-1):(row*blocksize),(col*blocksize)
              -(blocksize-1):(col*blocksize)) ...
95             = ...
96         cpic(((((row*blocksize)-(blocksize-1))))+(3.5*blocksize)+movec
              (i,2):((((row*blocksize)-(blocksize-1)))+blocksize-1)
              +(3.5*blocksize)+movec(i,2), ((((col*blocksize)-(blocksize
              -1))))+(3.5*blocksize)+movec(i,1):((((col*blocksize)-(
              blocksize-1)))+blocksize-1)+(3.5*blocksize)+movec(i,1));
97         if (mod(i,blockx) == 0)
98             row = row + 1;
99             col = col - blockx;
100        end
101        col = col + 1;
102    end
103
104    pause;
105    cpic = framecrop(cpic,3.5 * blocksize);
```

```
106    errorpic = npic - ppic;
107    subplot(2,2,1);
108    colormap (gray);
109    imagesc(cpic);
110    title('Current Frame');
111    axis off;
112    subplot(2,2,2);
113    imagesc(npic);
114    title('Next Frame');
115    axis off;
116    subplot(2,2,3);
117    imagesc(ppic);
118    title('Predicted Next Frame');
119    axis off;
120    subplot(2,2,4);
121    imagesc(errorpic);
122    title('Deviation of Prediction from next Frame');
123    axis off;
124
125    pause(0.4);
126
127    % write endcoded stream to disk
128    imwrite(uint8(errorpic+15),sprintf('.\\frames\\errorpic%d.jpg',frameno
            ),'jpg','Quality',jpegquality);    % save deviation of predicted
            image from current frame as JPEG image
129    % imwrite(uint8(errorpic),sprintf('.\\frames\\errorpic%d.png',frameno)
            );    % save deviation of predicted image from current frame as
            JPEG image
130    save(sprintf('.\\frames\\movec%d',frameno), 'movec');
131
132 end
133
134 pause(2);
135 close all;
```

Listing 2: MPEG Decoder Algorithmus

```
 1  % MPEG - Videokodierung, Motion - Estimation / - Compensation
 2  % Decoder algorithm
 3
 4  clear;    % Free workspace and close all open figures
 5  close;
 6
 7  blocksize = 16;    % Definition of a blocksize affects search algorithm,
        has to be the same in de- and encoder
 8  framecount = 12;    % Number of frames
 9
10  for i = 1:framecount    % prepare empty frames
11      frame(:,:,i) = zeros(240,320);
12  end
13
```

```matlab
14  [r c] = size(frame(:,:,framecount));
15  blockx = c/blocksize;
16  blocky = r/blocksize;
17
18  % tempframe = frameborder(zeros(r,c),3.5*blocksize);      % used to store
        frames temporarily
19  frameno = 1;
20
21  % For the first frame there is no predicton: just copy the errorpicture
        because it contains the complete first frame
22  frame(:,:,frameno) = double(imread(sprintf('.\\frames\\errorpic%d.jpg',
        frameno)));
23
24  for frameno = 2:framecount       % main decoding loop
25      errorpic = double(imread(sprintf('.\\frames\\errorpic%d.jpg',frameno))
            );
26      % errorpic = double(imread(sprintf('.\\frames\\errorpic%d.png',frameno
            )));
27      load(sprintf('.\\frames\\movec%d',frameno));
28      cpic = frameborder(frame(:,:,(frameno - 1)),3.5*blocksize);
29
30      ppic = zeros(r,c);
31
32      row = 1;     % value of current row
33      col = 1;     % value of current colum
34
35      for i=1:(blockx*blocky)
36          ppic((row*blocksize)-(blocksize-1):(row*blocksize),(col*blocksize)
                -(blocksize-1):(col*blocksize)) ...
37              = ...
38              cpic(((((row*blocksize)-(blocksize-1))))+(3.5*blocksize)+movec
                    (i,2):(((row*blocksize)-(blocksize-1)))+blocksize-1)
                    +(3.5*blocksize)+movec(i,2), ...
39              (((col*blocksize)-(blocksize-1))))+(3.5*blocksize)+movec(i,1)
                    :(((((col*blocksize)-(blocksize-1)))+blocksize-1+(3.5*
                    blocksize)+movec(i,1)));
40          if (mod(i,blockx) == 0)
41              row = row + 1;
42              col = col - blockx;
43          end
44          col = col + 1;
45      end
46      frame(:,:,frameno) = ppic + errorpic;
47  end
48
49
50  for i = 1:framecount
51      close;
52      colormap(gray);imagesc(frame(:,:,i));
53      title(sprintf('Decoded frame no %d',i));
```

```
54     axis off;
55     pause(0.6);
56     % pause;
57 end
58
59
60 pause(1.4);
61 close all;
```

Listing 3: Mean Square Error Algorithmus

```
1 function [out] = msediff(block1,block2)
2
3 %
4 %
5 %
6 % Mean square error Function fuer 2 verschiedene Bloecke
7 %
8 % Benoetigt als Eingangswert zwei quadratische Bloecke gleicher Dimension
9 % (1/blocklength) * (block1 - block2).^2
10 %
11 % Liefert als Ausgangswert den Mean square error der zwei Bloecke.
12
13
14
15 out = (1/length(block1)) * ssdiff(block1,block2);
```

Listing 4: Algorithmus Summe der absoluten Differenzen

```
1
2 function [out] = sadiff(block1,block2)
3
4 %
5 %
6 %
7 % Summe der absoluten Differenzen.
8 %
9 % Benoetigt als Eingangswert zwei quadratische Bloecke gleicher Dimension
10 % sum(sum(abs(block1 - block2)));
11 %
12 % Liefert als Ausgangswert die Summe der absoluten Differenzen.
13
14 [r1,c1] = size(block1);
15 [r2,c2] = size(block2);
16 out = NaN;
17
18 if ~(r1 == r2)
19     fprintf ('\nUnterschiedliche Blockgroessen!\n');
20     return;
21 end
22 if ~(r1/c1==1) | ~(r2\c2==1)
```

26

```
23    fprintf ('\nBloecke nicht quadratisch!\n');
24    return;
25 end
26
27 out = sum(sum(abs(block1 - block2)));
```

Listing 5: Algorithmus Summe der quadratischen Differenzen

```
1
2 function [out] = ssdiff(block1,block2)
3
4 %
5 %
6 %
7 % Summe der quadratischen Differenzen.
8 %
9 % Benoetigt als Eingangswert zwei quadratische Bloecke gleicher Dimension
10 % (block1 - block2).^2
11 %
12 % Liefert als Ausgangswert die Summe der quadratischen Differenzen.
13
14 [r1,c1] = size(block1);
15 [r2,c2] = size(block2);
16 out = NaN;
17
18 if ~(r1 == r2)
19    fprintf ('\nUnterschiedliche Blockgroessen!\n');
20    return;
21 end
22 if ~(r1/c1==1) | ~(r2\c2==1)
23    fprintf ('\nBloecke nicht quadratisch!\n');
24    return;
25 end
26
27 out = sum(sum((block1 - block2).^2));
```

Listing 6: Frameborder Algorithmus

```
1
2 function [outframe] = frameborder(frame,bordersize)
3
4 %
5 %
6 %
7 % Fuegt einem Bild einen Rand aus Nullen hinzu
8 %
9 % Eingangswerte: urspruengliches Bild, Groesse des Randes
10 %
11 % Liefert als Ausgangswert die einen neuen Frame mit Rand
12
13 [r, c] = size(frame);
```

```
14
15  draftframe = zeros(r+2*bordersize,c+2*bordersize);
16
17  draftframe(bordersize+1:bordersize+r,bordersize+1:bordersize+c) =
        draftframe(bordersize+1:bordersize+r,bordersize+1:bordersize+c) +
        frame;
18  outframe = draftframe;
```

Listing 7: Framecrop Algorithmus

```
1
2  function [outframe] = framecrop(frame,bordersize)
3
4  %
5  %
6  %
7  % Zuschneiden eines Bilds um einen anzugebenden Randwert
8  %
9  % Eingangswerte: urspruengliches Bild, Groesse des Randes
10 %
11 % Liefert als Ausgangswert die einen neuen zugeschnittenen Frame
12
13 [r, c] = size(frame);
14
15 draftframe =  frame(bordersize+1:r-bordersize,bordersize+1:c-bordersize);
16 outframe = draftframe;
```

Listing 8: Berechnung und Darstellung von PSNR und Dateigrößenvergleich

```
1
2  clear all;
3  close all;
4
5  % open images
6  % imread returns matrices of type UINT8, value conversion to double is
7  % necessary
8
9
10
11 for i=1:12
12     originalfile=sprintf('./frames/gs_frame%d.jpg',108+i);
13     decodedfile=sprintf('./frames/decodedframe%d.jpg',i);
14     errorfile=sprintf('./frames/errorpic%d.jpg',i);
15     infooriginal = iminfo(originalfile);
16     filesizes(1,i) = infooriginal.FileSize;
17     infoerror = imfinfo(errorfile);
18     filesizes(2,i) = infoerror.FileSize;
19     original=double(imread(originalfile));
20     decoded=double(imread(decodedfile));
21     fehler = original - decoded;
22
```

```
23    %Berechnung des PSNR
24    noise = abs(mean(mean(fehler)));
25    PSNR(i) = 10*log10(255^2/noise);
26    fprintf('\nPSNR for framenumber %d = %6.2f dB',i,PSNR(i));
27 end
28    % Darstellung von Groesse und PSNR
29    PSNR = abs(PSNR);
30    xaxis = linspace(1,12,12);
31    plot(xaxis,filesizes(1,:));
32    hold on;
33    axis([1 12 min(min(filesizes)) max(max(filesizes))])
34    plot(filesizes(2,:),'-.');
35    grid on;
36    xlabel('Framenummer');
37    ylabel('Groesse in Byte');
38    legend('JPEG kodiert','MPEG kodiert','Location','Best')
39    title('Dateigroesse von originalen und dekodierten Frames')
40
41    figure;
42    plot(xaxis,PSNR);
43    axis([1 12 min(PSNR) max(PSNR)])
44    grid on;
45    xlabel('Framenummer');
46    ylabel('PSNR in dB');
47    title('PSNR der einzelnen Frames')
48
49
50 fprintf('\n\n')
51 pause;
52 close;
```

B Frames mit Bewegungsvektoren

Im Folgenden haben wir Frames eines ausgewählten Videos mit den entsprechenden Bewegungsvektoren dargestellt. Man kann hier sehr gut beobachten, wie die Bewegungsvektoren des vorhergehenden Frames im folgenden Frame in eine Verschiebung umgesetzt werden (siehe Abbildung 19).

Abbildung 19: Frau vs. Boxhandschuh

Abbildung 20: Frames Boxhandschuh vor dem Aufschlag

31

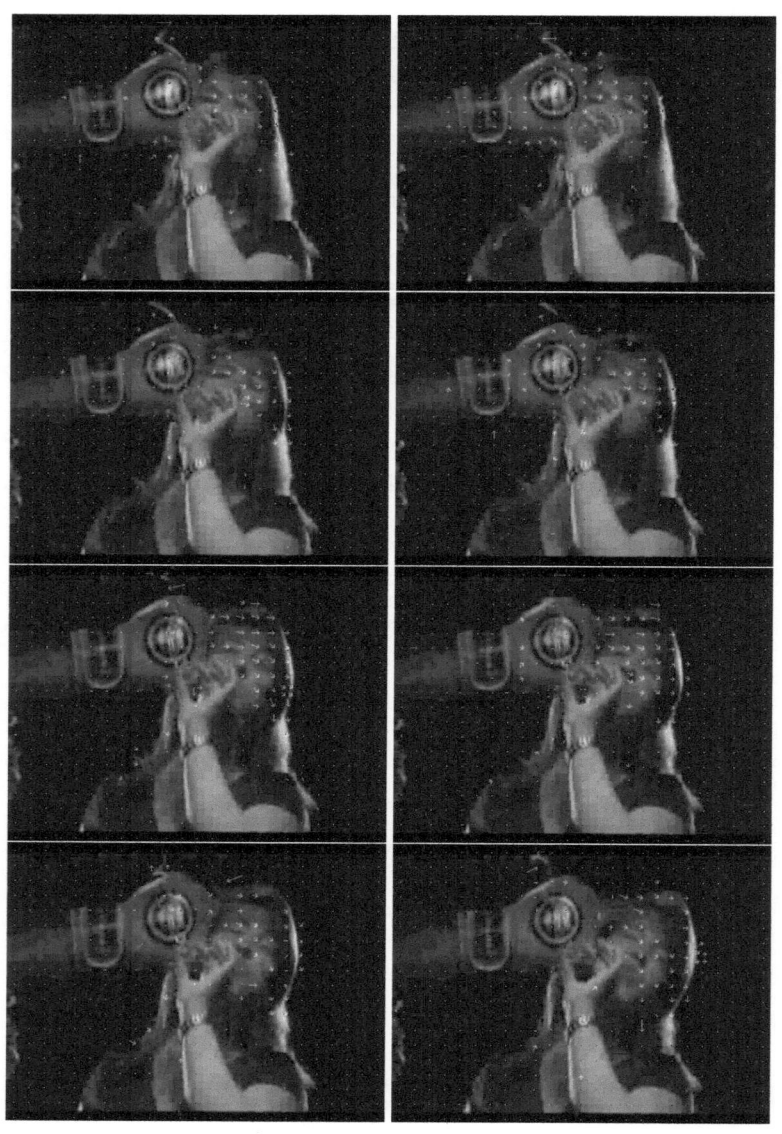

Abbildung 21: Frames Boxhandschuh nach dem Aufschlag

Literatur

[1]   Prof. P. Noll, *Nachrichten-Übertragung I*, 1997

[2]   Prof. P. Noll, *Signale und Systeme*, 1997

[3]   GNU, *Artikel DCT / JPEG*, 1997

[4]   OHM, JENS-RAINER: Digitale Bildcodierung. Springer, 1995

[5]   S. Kacem, J.Schmid: Labor Multimedia Signalverarbeitung, 2008

[6]   WALLACE, G.K.: The JPEG Still Picture Compression Standard. Communications of the ACM, 1991